上海市工程建设规范

大空间建筑铝合金结构防火技术标准

Technical standard for fire safety of aluminum structures in large-space building

DG/TJ 08—2420—2023

J 17037—2023

主编单位：华东建筑设计研究院有限公司
　　　　　上海市消防救援总队
　　　　　同济大学
批准部门：上海市住房和城乡建设管理委员会
施行日期：2023 年 12 月 1 日

同济大学出版社

2024　上海

图书在版编目（CIP）数据

大空间建筑铝合金结构防火技术标准／华东建筑设
计研究院有限公司，上海市消防救援总队，同济大学主编
. —上海：同济大学出版社，2024.3
　ISBN 978-7-5765-1085-0

　Ⅰ．①大… Ⅱ．①华… ②上… ③同… Ⅲ．①建筑物
－铝合金－轻金属结构－防火－技术标准－上海 Ⅳ.
①TU998.1-65

　中国国家版本馆 CIP 数据核字（2024）第 046128 号

大空间建筑铝合金结构防火技术标准

华东建筑设计研究院有限公司
上海市消防救援总队　　　**主编**
同济大学

责任编辑　朱　勇
责任校对　徐春莲
封面设计　陈益平

出版发行　同济大学出版社　　www.tongjipress.com.cn
　　　　　（地址：上海市四平路 1239 号　邮编：200092　电话：021-65985622）
经　　销　全国各地新华书店
印　　刷　浦江求真印务有限公司
开　　本　889mm×1194mm　1/32
印　　张　2.25
字　　数　56 000
版　　次　2024 年 3 月第 1 版
印　　次　2024 年 3 月第 1 次印刷
书　　号　ISBN 978-7-5765-1085-0
定　　价　30.00 元

上海市住房和城乡建设管理委员会文件

沪建标定〔2023〕249 号

上海市住房和城乡建设管理委员会关于
批准《大空间建筑铝合金结构防火技术标准》为
上海市工程建设规范的通知

各有关单位：

由华东建筑设计研究院有限公司、上海市消防救援总队和同济大学主编的《大空间建筑铝合金结构防火技术标准》，经我委审核，现批准为上海市工程建设规范，统一编号为 DG/TJ 08—2420—2023，自 2023 年 12 月 1 日起实施。

本标准由上海市住房和城乡建设管理委员会负责管理，华东建筑设计研究院有限公司负责解释。

上海市住房和城乡建设管理委员会

2023 年 5 月 22 日

前　言

本标准根据上海市住房和城乡建设管理委员会《关于印发〈2020 年上海市工程建设规范、建筑标准设计编制计划〉的通知》（沪建标定〔2019〕752 号）的要求，由华东建筑设计研究院有限公司、上海市消防救援总队、同济大学会同有关单位共同联合编制而成。

本标准共 10 章，主要内容包括：总则；术语与符号；基本规定；材料特性；温度计算；构件与节点抗火承载力验算；结构整体耐火验算；防火保护措施；施工与验收；维护与保养。

各单位及相关人员在执行本标准过程中，如有意见和建议，请反馈至上海市住房和城乡建设管理委员会（地址：上海市大沽路 100 号；邮编：200003；E-mail：shjsbzgl@163.com），华东建筑设计研究院有限公司（地址：上海市石门二路 258 号；邮编：200041；E-mail：jch_cui@163.com），上海市建筑建材业市场管理总站（地址：上海市小木桥路 683 号；邮编：200032；E-mail：shgcbz@163.com），以供今后修订时参考。

主 编 单 位：华东建筑设计研究院有限公司
　　　　　　上海市消防救援总队
　　　　　　同济大学
参 编 单 位：上海通正铝结构建设科技有限公司
　　　　　　上海建筑设计研究院有限公司
　　　　　　应急管理部四川消防研究所
　　　　　　上海建工集团股份有限公司
　　　　　　上海建筑空间结构工程技术研究中心
　　　　　　上海建科铝合金结构工程研究院

主要起草人：崔家春　杨　波　张其林　李亚明　郭小农

欧阳元文　　　蒋首超　王　薇　张泽江

王平山　赵　晨　高振锋　寿炜炜　颜明强

尹　建　罗晓群　李志强　谈凤婕　杨　凯

赵华亮　贾水钟　王　朔　巫燕贞　曹晴烨

徐自然　冷友伟　邱丽秋　刘小蔚

主要审查人：丁洁民　杨联萍　李向民　楼国彪　马　哲

姜文伟　陈务军

上海市建筑建材业市场管理总站

目　次

Contents

1 总 则

1.0.1 为规范大空间建筑铝合金结构的应用,减少火灾危害,保护人身与财产安全,做到安全适用、经济合理、技术先进,制定本标准。

1.0.2 本标准适用于本市民用大空间建筑铝合金结构防火工程的设计、施工、验收与维护。

1.0.3 大空间建筑铝合金结构防火工程的设计、施工、验收与维护,除应符合本标准外,尚应符合国家、行业和本市现行有关标准的规定。

2 术语与符号

2.1 术 语

2.1.1 大空间建筑 large-space building

本标准中指室内净高不小于 8 m、独立空间地(楼)面面积不小于 500 m² 的建筑。

2.1.2 大空间建筑铝合金结构 aluminum structure in large-space building

本标准中指应用于大空间建筑的承重铝合金结构。

2.1.3 标准火灾升温曲线 temperature-time curve for standard fire

在标准火灾试验中,试验炉内的空气平均温度随火灾持续时间变化的关系曲线。

2.1.4 大空间火灾升温曲线 temperature-time curve for large-space fire

在大空间内发生火灾时,相对于火源中心的某一位置处烟气温度与火灾持续时间的关系曲线。

2.1.5 火灾荷载 fire load

建筑空间内可燃物的多少。一般用单位楼面面积上的可燃物释热量总和表示,有时也用单位楼面面积上的可燃物数量按总释热量等效成标准木材的质量表示。

2.1.6 截面形状系数 section factor

铝合金构件的受火表面积与其相应的体积之比。

2.1.7 等效热阻 equivalent thermal resistance

在特定试验条件下测得的表征防火保护材料阻抗传热能力

的物理量。

2.1.8 耐火承载力极限状态 fire limit state

结构或构件受火灾作用达到不能承受外部作用或不适于继续承载的变形的状态。

2.2 符 号

2.2.1 材料性能

c_{al}——铝合金的比热容；

$c_{al,T}$——$T℃$下的铝合金材料比热容；

c_i——防火保护材料的比热容；

E_T——高温下铝合金的弹性模量；

f——常温下铝合金名义屈服强度设计值；

$f_{0.2}$——常温下铝合金的名义屈服强度；

$f_{0.2T}$——高温下铝合金的名义屈服强度；

f_b——粘结强度；

f_T——高温下铝合金强度设计值；

K——综合传热系数；

R_i——防火保护层的等效热阻；

ε_T——高温下铝合金的应变；

λ_{al}——铝合金的热传导系数；

λ_i——防火保护层的等效热传导系数；

ν——铝合金材料的泊松比；

ρ_{al}——铝合金材料的密度；

ρ_i——防火保护材料的密度；

σ_T——高温下铝合金的应力。

2.2.2 作用、效应与抗力

F_{max}——最大拉伸荷载；

N——高温下构件的轴力设计值；

$N_{\mathrm{Ex,T}}$——T℃下理想轴压构件的绕 x 轴失稳的欧拉荷载；

$N_{\mathrm{Ey,T}}$——T℃下理想轴压构件的绕 y 轴失稳的欧拉荷载；

M_{cr}——受弯构件的临界弯矩；

M_{x}——高温下最不利截面处绕 x 轴弯矩设计值；

M_{y}——高温下最不利截面处绕 y 轴弯矩设计值；

S_{Gk}——按永久荷载标准值计算的荷载效应值；

S_{m}——荷载(作用)效应组合设计值；

S_{Qk}——按楼面或屋面活荷载标准值计算的荷载效应值；

S_{Tk}——按火灾下结构的温度变化标准值计算的作用效应值；

S_{Wk}——按风荷载标准值计算的荷载效应值；

$V_{\mathrm{cr,T}}$——T℃下铝合金板式节点的屈曲破坏承载力；

$V_{\mathrm{u,T}}$——T℃下铝合金板式节点的块状拉剪破坏承载力；

V_{u}——常温下铝合金板式节点的块状拉剪破坏承载力；

γ_{0T}——结构重要性系数；

γ_{G}——永久荷载分项系数；

$\xi_{\mathrm{cr,T}}$——节点板屈曲破坏承载力高温影响系数；

$\xi_{\mathrm{u,T}}$——T℃下节点板块状拉剪破坏承载力高温影响系数；

ϕ_{f}——楼面或屋面活荷载的频遇值系数；

ϕ_{q}——楼面或屋面活荷载的准永久值系数；

ϕ_{w}——风荷载的频遇值系数。

2.2.3 几何参数

A——构件的毛截面面积；

A_{n}——最不利截面的净截面面积；

W_{en}——截面有效净截面模量；

W_{enx}——绕 x 轴的有效净截面模量；

W_{eny}——绕 y 轴的有效净截面模量；

W_{ex}——截面绕强轴的抗弯模量；

W_{ey}——截面绕弱轴的抗弯模量；

W_{1ex}——在弯矩作用平面内对较大受压纤维的有效截面模量；

V——单位长度构件的体积。

2.2.4 时间、温度

t——时间；

t_d——火灾持续时间；

T——构件温度；

T_{al}——铝合金构件的温度；

T_{al0}——初始时刻铝合金构件截面的最高平均温度；

T_f——平均火焰温度；

T_g——t时刻热烟气的平均温度；

T_{g0}——火灾前室内环境的温度；

T_z^{max}——火源中心距地面垂直距离为z处的最高空气升温；

$T(x,z,t)$——对应于t时刻，与火源中心水平距离为x、与地面垂直距离为z处的空气温度；

Δt——时间步长；

ΔT_{al}——铝合金构件的温升。

2.2.5 其他耐火计算相关参数

a,b——火源辐射面的长度和宽度；

A_c——粘结面积；

d_i——防火保护层的厚度；

D——火源等效直径；

F——单位长度构件的受火表面积；

F/V——无防火铝合金构件的截面形状系数；

F_i/V——有防火保护铝合金构件的截面形状系数；

F_i——有防火保护铝合金构件单位长度的受火表面积；

H——构件微元面与火源辐射面的垂直距离；

h_c——烟气热对流传热系数；

H_f——火焰辐射面的高度；

$h_{f,r}$——火焰热辐射传热系数；

h_r——烟气热辐射传热系数；

k_T——$T℃$下铝合金强度折减系数；

K'——考虑火焰辐射修正的综合传热系数；

n——材料硬化指数；

r——所计算构件距火源形心点的距离；

Q——火源功率设计值；

Q_c——火源的对流热释放速率；

R_c——节点板中心距杆件端部距离；

z_l——临界高度；

$\alpha_{b,T}$——受弯构件初始缺陷计算参数；

α_g——烟气吸收率；

α_T——轴压构件初始缺陷计算参数；

β——高大空间建筑火灾升温形状系数；

β_{mx}——等效弯矩系数；

γ_x——截面塑性发展系数；

ε_{al}——铝合金构件辐射率；

η——截面影响系数；

$\eta_{b,T}$——受弯构件考虑初始弯曲及初偏心的系数；

η_e——考虑板件局部屈曲的修正系数；

η_{haz}——焊接缺陷影响系数；

η_t——温度衰减系数；

η_T——轴压构件考虑初始弯曲及初偏心的系数；

λ——铝合金轴心受压构件的长细比；

$\bar{\lambda}$——铝合金轴心受压构件的相对长细比；

$\bar{\lambda}_b$——受弯构件的相对长细比；

$\bar{\lambda}_{0,T}$——轴压构件初始缺陷计算参数；

$\bar{\lambda}_{0b,T}$——受弯构件初始缺陷计算参数；

σ——黑体辐射常数；

φ——辐射角系数；

φ_{T} ——温度为 T℃时铝合金轴心受压构件的整体稳定系数；

$\varphi_{b, T}$ ——高温下铝合金受弯构件的整体稳定系数；

$\varphi_{x, T}$ —— T℃下铝合金轴压构件的整体稳定系数；

$\varphi_{y, T}$ —— T℃下铝合金轴压构件的整体稳定系数；

$\varphi_{bx, T}$ —— T℃下铝合金受弯构件的整体稳定系数；

$\varphi_{by, T}$ —— T℃下铝合金纯弯构件的整体稳定系数；

$\bar{\varphi}_{T}$ ——铝合金轴心受压构件的稳定计算系数；

$\bar{\varphi}_{x, T}$ ——高温下铝合金轴压构件绕 x 轴的整体稳定系数；

$\bar{\varphi}_{y, T}$ ——高温下铝合金轴压构件绕 y 轴的整体稳定系数。

3 基本规定

3.1 防火要求

3.1.1 本标准适用于以下三类大空间建筑铝合金结构：

第一类：火灾荷载较小、不具备防火分隔条件，空间内设有具有一定防火分隔要求的商店、休闲、餐饮等小型配套商业服务设施的高大空间建筑。

第二类：使用功能单一、火灾荷载较小且不具备防火分隔条件的高大空间建筑。

第三类：能有效排烟、排热的敞开大空间建筑。

3.1.2 铝合金结构建筑各功能场所之间应进行防火分隔，并符合现行国家标准《建筑设计防火规范》GB 50016 的有关规定。

3.1.3 大空间建筑铝合金结构的耐火等级应符合现行国家标准《建筑设计防火规范》GB 50016 的有关规定。

3.1.4 大空间建筑铝合金结构的柱、梁、屋顶承重构件的耐火等级不宜低于二级。

3.2 防火设计

3.2.1 铝合金结构应按结构耐火承载力极限状态进行耐火验算与防火设计。

3.2.2 铝合金构件耐火承载力极限状态设计时，应考虑火灾发生时结构上可能同时出现的荷载与作用，且应按下列组合值中的最不利值确定：

$$S_m = \gamma_{0T}(\gamma_G S_{Gk} + S_{Tk} + \phi_f S_{Qk}) \qquad (3.2.2\text{-}1)$$

$$S_m = \gamma_{0T}(\gamma_G S_{Gk} + S_{Tk} + \phi_q S_{Qk} + \phi_w S_{Wk}) \quad (3.2.2\text{-}2)$$

式中：S_m——荷载（作用）效应组合的设计值；

$\quad\quad S_{Gk}$——按永久荷载标准值计算的荷载效应值；

$\quad\quad S_{Tk}$——按火灾下结构的温度变化标准值计算的作用效
应值；

$\quad\quad S_{Qk}$——按楼面或屋面活荷载标准值计算的荷载效应值；

$\quad\quad S_{Wk}$——按风荷载标准值计算的荷载效应值；

$\quad\quad \gamma_{0T}$——结构重要性系数，对于耐火等级为一级的建筑，
$\gamma_{0T}=1.1$，对于其他建筑，$\gamma_{0T}=1.0$；

$\quad\quad \gamma_G$——永久荷载分项系数，一般可取 1.0，当永久荷载有利
时取 0.9；

$\quad\quad \phi_w$——风荷载的频遇值系数，可取 0.4；

$\quad\quad \phi_f$——楼面或屋面活荷载的频遇值系数，应按现行国家标
准《建筑结构荷载规范》GB 50009 的规定取值；

$\quad\quad \phi_q$——楼面或屋面活荷载的准永久值系数，应按现行国家
标准《建筑结构荷载规范》GB 50009 的规定取值。

3.2.3 大空间建筑铝合金结构，应按实际火灾荷载、空间高度、
结构形式选用标准火灾升温曲线或大空间火灾升温曲线进行结
构耐火计算。

3.2.4 大空间建筑铝合金结构的防火设计应根据结构的重要
性、结构类型和荷载特征等选用基于构件耐火验算或基于结构整
体耐火验算的防火设计方法。其中跨度大于 60 m 的铝合金结构
宜采用基于结构整体耐火验算的防火设计方法；跨度大于 120 m
和采用预应力技术的铝合金结构，应采用基于结构整体耐火验算
的防火设计方法。

3.2.5 基于构件的铝合金结构耐火验算应符合下列规定：

1 计算火灾下构件的组合效应时，应计入热膨胀效应对内
力的影响；对于表面受火不均匀的情况，宜考虑构件表面不均匀
升温引起的弯曲效应。

2　计算火灾下构件的承载力时,构件温度应取其截面的最高平均温度,并应采用结构材料在相应温度下的弹性模量与强度。

3.2.6　基于结构整体的铝合金结构耐火验算方法应符合下列规定:

1　各防火分区可分别作为一个火灾工况,并选用最不利火灾场景进行验算。

2　应考虑结构的热膨胀效应、几何非线性及结构材料性能受高温作用的影响。

3.2.7　铝合金结构构件的耐火极限不低于设计耐火极限时,可不采取防火保护措施;经耐火验算低于设计耐火极限时,应采取合适的防火保护措施。

3.2.8　当满足下列条件时,铝合金结构构件可不采取防火保护措施;当不满足时,应经过抗火验算确定是否采取防火保护措施:

1　设有自动喷水灭火系统的第一、第二类大空间建筑,铝合金结构屋顶承重构件距离火源的净空高度大于根据火灾功率强度计算得到的最小安全高度。

2　未设置自动喷水灭火系统的第一、第二类大空间建筑,且独立空间的建筑面积不小于 500 m^2,铝合金结构屋顶承重构件距离火源的净空高度大于根据火灾功率强度计算得到的最小安全高度。

3　第三类大空间建筑,铝合金构件距离火源的净空高度大于根据火灾功率强度计算得到的最小安全高度。

3.2.9　铝合金结构防火材料的重量和防火喷淋用水、管道及设施的重量应在铝合金结构设计中作为荷载进行考虑。

3.2.10　铝合金结构的防火设计文件应注明建筑的耐火等级、构件的设计耐火极限、构件的防火保护措施及构造、防火材料的性能要求及设计指标。

4 材料特性

4.1 铝合金

4.1.1 建筑用铝合金材料的性能应符合现行国家标准《铝合金结构设计规范》GB 50429、《铝及铝合金轧制板材》GB/T 3880、《铝及铝合金冷轧带材》GB/T 8544、《铝及铝合金挤压棒材》GB/T 3191、《铝及铝合金拉(轧)制无缝管》GB/T 6893、《铝及铝合金热挤压管》GB/T 4437、《铝合金建筑型材》GB/T 5237 和《工业用铝及铝合金热挤压型材》GB/T 6892 的有关规定。

4.1.2 高温下铝合金强度设计值 f_T 应按下式计算：

$$f_T = k_T f \tag{4.1.2}$$

式中：k_T——高温下铝合金名义屈服强度折减系数，常用铝合金的高温强度折减系数可按表 4.1.2 取值；

f——常温下铝合金名义屈服强度设计值，可根据现行国家标准《铝合金结构设计规范》GB 50429 确定。

表 4.1.2 常用铝合金高温名义屈服强度折减系数 k_T

铝合金牌号	20℃	100℃	150℃	200℃	250℃	300℃	350℃	550℃
3004-H34	1.00	1.00	0.98	0.57	0.31	0.19	0.13	0
5083-O	1.00	1.00	0.98	0.90	0.75	0.40	0.22	0
5083-H32	1.00	1.00	0.80	0.60	0.31	0.16	0.10	0
6061-T4	1.00	0.92	0.85	0.83	0.71	0.40	0.25	0
6061-T6	1.00	0.95	0.91	0.79	0.55	0.31	0.10	0
6063-T5	1.00	0.92	0.87	0.76	0.49	0.29	0.14	0

续表4.1.2

铝合金牌号	20℃	100℃	150℃	200℃	250℃	300℃	350℃	550℃
6063-T6	1.00	0.91	0.84	0.71	0.38	0.19	0.09	0
6082-T4	1.00	1.00	0.84	0.77	0.77	0.34	0.19	0
6082-T6	1.00	0.88	0.79	0.69	0.59	0.48	0.37	0
6013-T4	1.00	0.92	0.85	0.83	0.71	0.40	0.25	0
6013-T6	1.00	0.95	0.91	0.79	0.55	0.31	0.10	0
6N01-T6	1.00	0.89	0.82	0.76	0.71	0.61	0.54	0
7020-T6	1.00	0.92	0.90	0.78	0.65	0.44	0.28	0
7075-T6	1.00	0.94	0.76	0.50	0.22	0.10	0.06	0

4.1.3 高温下铝合金的弹性模量折减系数可按表4.1.3选取。

表4.1.3 结构用铝合金高温弹性模量折减系数 E_T/E

温度 T(℃)	20	100	150	200	250	300	350	550
E_T/E	1.00	0.97	0.93	0.86	0.78	0.68	0.54	0

4.1.4 高温下铝合金的比热容可按下式计算:

$$c_{al} = 0.41T_{al} + 903 \quad 0℃ < t < 500℃ \tag{4.1.4}$$

式中:c_{al}——铝合金的比热容[J/(kg·℃)];

T_{al}——铝合金构件的温度(℃)。

4.1.5 高温下铝合金的热传导系数可按下式计算:

$$\begin{cases} \lambda_{al} = 0.07T_{al} + 190 & 3\times\times\times、6\times\times\times \text{ 系列} \\ \lambda_{al} = 0.10T_{al} + 140 & 5\times\times\times、7\times\times\times \text{ 系列} \end{cases} \tag{4.1.5}$$

式中:λ_{al}——铝合金的热传导系数[W/(m·℃)]。

4.1.6 高温下铝合金的应力应变关系可按下式计算:

$$\varepsilon_T = \frac{\sigma_T}{E_T} + 0.002\left(\frac{\sigma_T}{f_{0.2T}}\right)^n \tag{4.1.6-1}$$

$$f_{0.2T} = k_T f_{0.2} \qquad (4.1.6\text{-}2)$$

式中：ε_T——高温下铝合金的应变；

σ_T——高温下铝合金的应力（MPa）；

E_T——高温下铝合金的弹性模量（MPa）；

$f_{0.2T}$——高温下铝合金的名义屈服强度（MPa）；

$f_{0.2}$——常温下铝合金的名义屈服强度（MPa）；

n——材料硬化指数，可按常温下的数值取用。

4.2 防火保护材料

4.2.1 防火板的等效热传导系数宜通过标准耐火试验确定。

4.2.2 防火涂料的等效热阻或等效热传导系数应通过试验确定。

4.2.3 膨胀型防火涂料应给出最大使用厚度、最小使用厚度及最大最小厚度区间四等分厚度分别对应的等效热阻，其他厚度对应的等效热阻可采用线性插值确定。

4.2.4 防火涂料与铝合金的粘结强度应不小于防火涂料自身的粘结强度。

5 温度计算

5.1 火灾升温曲线

5.1.1 常见建筑的室内火灾升温曲线可按下列公式计算:

1 以纤维类物质为主的火灾

$$T_g - T_{g0} = 345 \lg(8t + 1) \qquad (5.1.1\text{-}1)$$

2 以烃类物质为主的火灾

$$T_g - T_{g0} = 1\,080 \times (1 - 0.325 e^{-t/6} - 0.675 e^{-2.5t})$$

$$(5.1.1\text{-}2)$$

式中: t ——时间(min);

T_g ——火灾发展到 t 时刻的热烟气平均温度(℃);

T_{g0} ——火灾前室内环境的温度(℃),可取 20 ℃。

5.1.2 对于高大空间建筑室内火灾升温曲线可按下式计算:

$$T(x, z, t) - T_{g0} = T_z^{\max}(1 - 0.8 e^{-\beta t} - 0.2 e^{-0.1\beta t})$$

$$\left[\eta_t + (1 - \eta_t) e^{\frac{D-2x}{14}} \right]$$

$$(5.1.2\text{-}1)$$

式中: $T(x, z, t)$ ——对应于 t 时刻,与火源中心水平距离为 x(m)、与地面垂直距离为 z(m)处的空气温度(℃);

$T_z^{\max}$ ——火源中心距地面垂直距离为 z(m)处的最高空气升温(℃),应按式(5.1.2-2)计算:

$$T_z^{\max} = \begin{cases} (0.071Q_c^{-2/3}z^{5/3} + 0.0018)^{-1} + T_0 & z > z_1 \\ 31.125Q_c^{2/5}z^{-1} + T_0 & z \leqslant z_1 \end{cases}$$

(5.1.2-2)

z_1——临界高度(m),应按式(5.1.2-3)计算:

$$z_1 = 0.166Q_c^{2/5} \qquad (5.1.2\text{-}3)$$

Q_c——火源的对流热释放速率(kW),可取为 $0.7Q$;

Q——火源热释放速率设计值(kW);

β——高大空间建筑火灾升温形状系数,对慢速、中速、快速和极快速火分别取为 0.001、0.002、0.003 和 0.004;

D——火源等效直径(m),非圆形截面火源应按面积相等原则换算;

η_t——温度衰减系数(无量纲),应根据建筑面积 A 及高度 z 按表 5.1.2 确定,当 $x < D/2$ 时,$\eta_t = 1$。

表 5.1.2 温度衰减系数 η_t

A(m²)	z(m)				
	6	9	12	15	20
500	0.60	0.65	0.70	0.80	0.85
1 000	0.50	0.55	0.60	0.70	0.75
3 000	0.40	0.45	0.50	0.55	0.60
6 000	0.25	0.30	0.40	0.45	0.50

5.1.3 对于面积超过 6 000 m² 或者高度超过 20 m 的建筑,宜采用火灾模拟分析确定火灾中的空间升温曲线。

5.1.4 当能准确确定建筑的火灾功率、可燃物类型及其分布、几何特征等参数时,火灾升温曲线可根据火灾模拟确定。

5.2 铝合金构件升温计算

5.2.1 板件厚度小于 40 mm 的闭口截面和板件厚度小于 80 mm

的开口截面铝合金构件可忽略截面的温度梯度;其他情况应通过火灾下温升试验或数值模拟等方法确定构件截面的温度分布。

5.2.2 火灾下无防火保护措施的铝合金构件的温度可按下列公式计算:

$$\Delta T_{al} = \begin{cases} \dfrac{K'}{\rho_{al} c_{al,\,T}} \cdot \dfrac{F}{V}(T_g - T_{al})\Delta t & t \leqslant t_d \\[3mm] \dfrac{K}{\rho_{al} c_{al,\,T}} \cdot \dfrac{F}{V}(T_g - T_{al})\Delta t & t > t_d \end{cases} \quad (5.2.2\text{-}1)$$

$$K' = h_r + h_c + h_{f,\,r} \qquad (5.2.2\text{-}2)$$

$$K = h_r + h_c \qquad (5.2.2\text{-}3)$$

$$h_r = \frac{\varepsilon_{al}\sigma\left[(T_g + 273)^4 - (T_{al} + 273)^4\right]}{T_g - T_{al}} \qquad (5.2.2\text{-}4)$$

式中:t——需计算温升的时刻(s);

Δt——时间步长(s),取值不宜大于5 s;

t_d——火灾持续时间(s);

ΔT_{al}——铝合金构件在时间$(t, t + \Delta t)$区间内的温升(℃);

T_g——t时刻热烟气的平均温度(℃);

T_{al}——t时刻铝合金构件截面的最高平均温度(℃);

ρ_{al}——铝合金材料密度(kg/m³);

$c_{al,\,T}$——温度T℃下的铝合金材料比热容[J/(kg·℃)];

F——单位长度构件的受火表面积(m²);

V——单位长度构件的体积(m³);

F/V——无防火铝合金构件的截面形状系数(m⁻¹),按表5.2.2确定;

K——综合传热系数[W/(m²·℃)];

K'——考虑火焰辐射修正的综合传热系数[W/(m²·℃)];

h_c——烟气热对流传热系数[W/(m²·℃)],采用标准升温曲线、烃类物质燃烧升温曲线和简化火源模型计算

时,分别取值为 25、50 和 35[W/(m² · ℃)];

h_r——烟气热辐射传热系数[W/(m² · ℃)];

ε_{al}——铝合金构件辐射率,可取为 0.3;

σ——黑体辐射常数,其值为 5.67×10⁻⁸[W/(m² · ℃⁴)];

$h_{f,r}$——火焰热辐射传热系数[W/(m² · ℃)],应按第 5.2.3 条的规定计算。

表 5.2.2　常见铝合金构件截面的形状系数

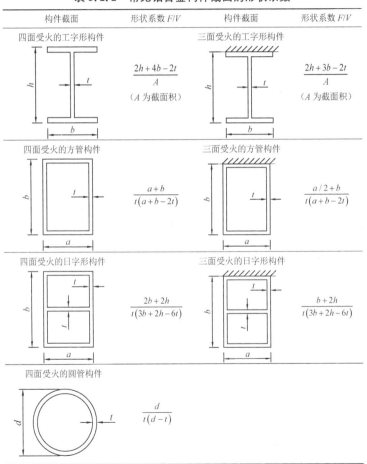

构件截面	形状系数 F/V	构件截面	形状系数 F/V
四面受火的工字形构件	$\dfrac{2h+4b-2t}{A}$（A 为截面积）	三面受火的工字形构件	$\dfrac{2h+3b-2t}{A}$（A 为截面积）
四面受火的方管构件	$\dfrac{a+b}{t(a+b-2t)}$	三面受火的方管构件	$\dfrac{a/2+b}{t(a+b-2t)}$
四面受火的日字形构件	$\dfrac{2b+2h}{t(3b+2h-6t)}$	三面受火的日字形构件	$\dfrac{b+2h}{t(3b+2h-6t)}$
四面受火的圆管构件	$\dfrac{d}{t(d-t)}$		

5.2.3 当构件与火源间的直线距离大于 5 m 时,火焰热辐射传热系数 $h_{f,r}$ 可取为零,否则应取为下列公式所计算的较大值:

$$h_{f,r} = \frac{\varepsilon_{al}\varphi F\sigma\left[\alpha_g(T_f + 273)^4 - (T_{al} + 273)^4\right]}{T_g - T_{al}}$$

(5.2.3-1)

$$h_{f,r} = \frac{0.35Q\varepsilon_{al}\alpha_g e^{-0.05D}}{4\pi r^2(T_g - T_{al})}$$

(5.2.3-2)

式中:α_g——烟气吸收率,应按式(5.2.3-3)计算;

$$\alpha_g = -0.00061(T_g - T_{g0}) + 1$$

(5.2.3-3)

　φ——辐射角系数,应按第 5.2.4 条计算;

　Q——火源功率设计值(kW);

　r——所计算构件距火源形心点的距离(m);

　T_f——平均火焰温度(℃),应根据试验或合适的火源模型确定;

　D——火源等效直径(m),非圆形截面火源应按面积相等原则换算。

5.2.4 对于图 5.2.4 所示构件微元面与火焰辐射面的相对关系,辐射角系数 φ 应分别按下列方法计算:

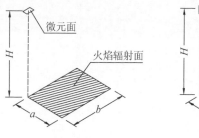 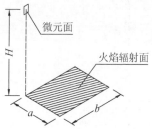

(a) 微元面与火焰辐射面平行　　　(b) 微元面与火焰辐射面垂直

图 5.2.4　构件微元面与火焰辐射面的基本相对位置

1 构件微元面与火焰辐射面平行

$$\varphi = \frac{1}{2\pi}\left(\frac{x}{\sqrt{1+x^2}}\arctan\frac{y}{\sqrt{1+x^2}} + \frac{y}{\sqrt{1+y^2}}\arctan\frac{x}{\sqrt{1+y^2}}\right)$$

$$(5.2.4\text{-}1)$$

2 构件微元面与火焰辐射面垂直

$$\varphi = \frac{1}{2\pi}\left(\arctan y - \frac{1}{\sqrt{1+x^2}}\arctan\frac{y}{\sqrt{1+x^2}}\right)$$

$$(5.2.4\text{-}2)$$

式中：x，y——无量纲参数,分别按式(5.2.4-3)和式(5.2.4-4)
计算：

$$x = \frac{a}{H - H_f} \qquad (5.2.4\text{-}3)$$

$$y = \frac{b}{H - H_f} \qquad (5.2.4\text{-}4)$$

a，b——火源辐射面的长度(m)和宽度(m),见图 5.2.4；

H——构件微元面与火源辐射面的垂直距离(m),见
图 5.2.4；

H_f——火焰辐射面的高度(m),当构件位于火源正上方
时取火源高度,按式(5.2.4-5)计算。

$$H_f = -1.02D + 0.235Q^{2/5} \qquad (5.2.4\text{-}5)$$

5.2.5 火灾下有防火保护铝合金构件的温度可按下式计算：

$$\Delta T_{al} = \alpha \cdot \frac{1}{\rho_{al}c_{al}} \cdot \frac{F_i}{V} \cdot (T_g - T_{al})\Delta t \qquad (5.2.5\text{-}1)$$

1 当防火保护层为非轻质防火保护层,即 $2\rho_i c_i d_i F_i > \rho_{al}c_{al}V$ 时：

$$\alpha = \cfrac{1}{1 + \cfrac{\rho_i c_i d_i F_i}{2\rho_{al} c_{al} V}} \cdot \frac{\lambda_i}{d_i} \qquad (5.2.5\text{-}2)$$

2 当防火保护层为轻质防火保护层,即 $2\rho_i c_i d_i F_i \leqslant \rho_{al} c_{al} V$ 时:

对于膨胀型防火涂料防火保护层

$$\alpha = \frac{1}{R_i} \qquad (5.2.5\text{-}3)$$

对于防火板等防火保护层

$$\alpha = \frac{\lambda_i}{d_i} \qquad (5.2.5\text{-}4)$$

式中: c_i——防火保护材料的比热容$[J/(kg \cdot ℃)]$;

ρ_i——防火保护材料的密度(kg/m^3);

R_i——防火保护层的等效热阻$(m^2 \cdot ℃/W)$;

λ_i——防火保护层的等效热传导系数$[W/(m \cdot ℃)]$;

d_i——防火保护层的厚度(m);

F_i/V——有防火保护铝合金构件的截面形状系数(m^{-1});

F_i——有防火保护铝合金构件单位长度的受火表面积 (m^2)(对于外边缘型防火保护,取单位长度铝合金构件的防火保护材料内表面积;对于非外边缘型防火保护,取沿单位长度铝合金构件的外包轮廓的最小内表面积);

V——单位长度铝合金构件的体积(m^3)。

5.2.6 在标准火灾下,采用轻质防火保护层的铝合金构件的温度可按下式近似计算:

$$T_{al} = \begin{cases} \left(\sqrt{8.36 \times 10^{-3} + 4.78 \times 10^{-5} \alpha \dfrac{F_i}{V}} - 9.15 \times 10^{-2}\right) \cdot t + T_{al0} \leqslant 400℃ & 0 < \alpha \dfrac{F_i}{V} \leqslant 100 \\ \left(\sqrt{8.31 \times 10^{-2} + 1.17 \times 10^{-4} \alpha \dfrac{F_i}{V}} - 0.284\right) \cdot t + T_{al0} \leqslant 400℃ & 100 < \alpha \dfrac{F_i}{V} \leqslant 1\,000 \end{cases}$$

$$(5.2.6)$$

式中:t——时间(s);

T_{al0}——初始时刻铝合金构件截面的最高平均温度(℃)。

5.2.7 进行铝合金结构的火灾响应分析时,可忽略沿构件长度方向的温度变化。

6 构件与节点抗火承载力验算

6.1 轴心受力构件

6.1.1 高温下铝合金轴心受力构件的强度应按下式验算:

$$\frac{N}{A_n} \leqslant k_T f \qquad (6.1.1)$$

式中:N——火灾下构件的轴向拉力或轴向压力设计值;

A_n——构件的净截面面积。

6.1.2 高温下铝合金轴心受压构件的稳定承载力应按下式验算:

$$\frac{N}{\overline{\varphi}_T A} \leqslant k_T f \qquad (6.1.2-1)$$

式中:N——高温下构件的轴向压力设计值;

A——构件的毛截面面积;

$\overline{\varphi}_T$——铝合金轴心受压构件的稳定计算系数,应按式(6.1.2-2)计算;

$$\overline{\varphi}_T = \eta_e \eta_{haz} \varphi_T \qquad (6.1.2-2)$$

η_e——考虑板件局部屈曲的修正系数,按现行国家标准《铝合金结构设计规范》GB 50429 确定;

η_{haz}——焊接缺陷影响系数,按现行国家标准《铝合金结构设计规范》GB 50429 确定,若无焊接取 $\eta_{haz} = 1$;

φ_T——温度为 $T℃$ 时铝合金轴心受压构件的整体稳定系数,应按式(6.1.2-3)计算;

$$\varphi_T = \frac{1}{2\bar{\lambda}^2}\left[(\bar{\lambda}^2 + 1 + \eta_T) - \sqrt{(\bar{\lambda}^2 + 1 + \eta_T)^2 - 4\bar{\lambda}^2}\right]$$

$$(6.1.2\text{-}3)$$

$\bar{\lambda}$ ——铝合金轴心受压构件的相对长细比,应按式(6.1.2-4)计算;

$$\bar{\lambda} = \frac{\lambda}{\pi}\sqrt{\frac{\eta_e f}{E}} \qquad (6.1.2\text{-}4)$$

λ ——铝合金轴心受压构件的长细比;

η_T ——轴压构件考虑初始弯曲及初偏心的系数,应按式(6.1.2-5)计算;

$$\eta_T = \alpha_T(\bar{\lambda} - \bar{\lambda}_{0,T}) \qquad (6.1.2\text{-}5)$$

α_T ——轴压构件初始缺陷计算参数,应按式(6.1.2-6a)和式(6.1.2-7a)计算,式中,温度 T 的适用范围为 20℃~350℃;

$\bar{\lambda}_{0,T}$ ——轴压构件初始缺陷计算参数,应按式(6.1.2-6b)和式(6.1.2-7b)计算,式中温度 T 的适用范围为 20℃~350℃。

对于热处理状态为 T6 的铝合金:

$$\alpha_T = 1.502\,7 \times 10^{-8} T^3 - 6.171\,1 \times 10^{-6} T^2 +$$
$$8.754\,5 \times 10^{-4} T + 0.184\,8$$

$$(6.1.2\text{-}6a)$$

$$\bar{\lambda}_{0,T} = -1.989\,4 \times 10^{-8} T^3 + 9.731\,3 \times 10^{-6} T^2 -$$
$$1.534\,8 \times 10^{-3} T + 0.176\,9$$

$$(6.1.2\text{-}6b)$$

对于热处理状态为其他情况的铝合金:

$$\alpha_T = 1.598\ 8 \times 10^{-8} T^3 - 4.307\ 9 \times 10^{-6} T^2 +$$
$$3.261\ 9 \times 10^{-4} T + 0.345\ 1$$

(6.1.2-7a)

$$\bar{\lambda}_{0,T} = -1.098\ 0 \times 10^{-8} T^3 + 5.558\ 1 \times 10^{-6} T^2 -$$
$$9.058\ 2 \times 10^{-4} T + 0.116\ 0$$

(6.1.2-7b)

6.2 受弯构件

6.2.1 高温下,在主平面内受弯的构件,其抗弯强度应按下式计算:

$$\frac{M_x}{W_{enx}} + \frac{M_y}{W_{eny}} \leqslant k_T f \qquad (6.2.1)$$

式中:M_x——高温下最不利截面处绕 x 轴弯矩设计值;

M_y——高温下最不利截面处绕 y 轴弯矩设计值;

W_{enx}——绕 x 轴的有效净截面模量,应同时考虑局部屈曲、焊接热影响区以及截面孔洞的影响;

W_{eny}——绕 y 轴的有效净截面模量,应同时考虑局部屈曲、焊接热影响区以及截面孔洞的影响。

6.2.2 高温下,在主平面内受弯的构件,其整体弯扭稳定承载力应按下式计算:

$$\frac{M_x}{\varphi_{b,T} W_{ex}} \leqslant k_T f \qquad (6.2.2-1)$$

式中:M_x——高温下最不利截面处绕 x 轴弯矩设计值;

W_{ex}——截面绕强轴的抗弯模量;

$\varphi_{b,T}$——高温下铝合金受弯构件的整体稳定系数,应按式(6.2.2-2)计算,闭口截面取 1.0;

$$\varphi_{b,T} = \frac{1+\eta_{b,T}+\overline{\lambda}_b^2}{2\overline{\lambda}_b^2} - \sqrt{\left(\frac{1+\eta_{b,T}+\overline{\lambda}_b^2}{2\overline{\lambda}_b^2}\right)^2 - \frac{1}{\overline{\lambda}_b^2}}$$

$$(6.2.2-2)$$

$\overline{\lambda}_b$ ——受弯构件的相对长细比,应按式(6.4.2-3)计算;

$$\overline{\lambda}_b = \sqrt{W_{ex}f/M_{cr}} \qquad (6.2.2-3)$$

M_{cr} ——受弯构件的临界弯矩,应按现行国家标准《铝合金结构设计规范》GB 50429 计算;

$\eta_{b,T}$ ——受弯构件考虑初始弯曲及初偏心的系数,应按式(6.2.2-4)计算;

$$\eta_{b,T} = \alpha_{b,T}(\overline{\lambda}_b - \overline{\lambda}_{0b,T}) \qquad (6.2.2-4)$$

$\alpha_{b,T}$ ——受弯构件初始缺陷计算参数,应按式(6.2.2-5a)和式(6.2.2-6a)计算,式中,温度 T 的适用范围为 20℃~350℃;

$\overline{\lambda}_{0b,T}$ ——受弯构件初始缺陷计算参数,应按式(6.2.2-5b)和式(6.2.2-6b)计算,式中温度 T 的适用范围为 20℃~350℃。

对于热处理状态为 T6 的铝合金:

$$\alpha_{b,T} = -8.5744\times10^{-9}T^3 + 5.8146\times10^{-6}T^2 -$$
$$1.1752\times10^{-3}T + 0.2212$$

$$(6.2.2-5a)$$

$$\overline{\lambda}_{0b,T} = -4.4298\times10^{-8}T^3 + 2.2884\times10^{-5}T^2 -$$
$$3.8192\times10^{-3}T + 0.4276$$

$$(6.2.2-5b)$$

对于热处理状态为其他情况的铝合金:

$$\alpha_{b,T} = 9.0794\times10^{-9}T^3 - 1.6026\times10^{-6}T^2 -$$
$$2.6777\times10^{-4}T + 0.2559$$

$$(6.2.2-6a)$$

$$\bar{\lambda}_{0b,T} = 1.517\ 9 \times 10^{-10} T^3 - 9.110\ 7 \times 10^{-7} T^2 +$$
$$1.087\ 0 \times 10^{-4} T + 0.298\ 2$$

$$(6.2.2\text{-}6b)$$

6.3 拉弯、压弯构件

6.3.1 高温下,弯矩作用在两个主平面内的铝合金拉弯、压弯构件的强度应符合下列规定:

1 除圆管截面外,弯矩作用在两个主平面内的拉弯构件和压弯构件,其截面强度应按下式计算:

$$\frac{N}{A_n} + \frac{M_x}{W_{enx}} + \frac{M_y}{W_{eny}} \leqslant k_T f \qquad (6.3.1\text{-}1)$$

2 弯矩作用在两个主平面内的圆形截面拉弯构件和压弯构件,其截面强度应按下式计算:

$$\frac{N}{A_n} + \frac{\sqrt{M_x^2 + M_y^2}}{W_{en}} \leqslant k_T f \qquad (6.3.1\text{-}2)$$

式中:N——高温下构件的轴力设计值;

M_x——高温下最不利截面处绕 x 轴弯矩设计值;

M_y——高温下最不利截面处绕 y 轴弯矩设计值;

A_n——最不利截面的净截面面积;

W_{enx}——绕 x 轴的有效净截面模量,应同时考虑局部屈曲、焊接热影响区以及截面孔洞的影响;

W_{eny}——绕 y 轴的有效净截面模量,应同时考虑局部屈曲、焊接热影响区以及截面孔洞的影响;

W_{en}——截面有效净截面模量,应同时考虑局部屈曲、焊接热影响区以及截面孔洞的影响。

6.3.2 高温下弯矩作用在对称平面内(绕强轴)的铝合金实腹式

压弯构件,其稳定承载力应按下列规定验算:

1 弯矩作用平面内的稳定承载力

$$\frac{N}{\bar{\varphi}_{x,T}A} + \frac{\beta_{mx}M_x}{\gamma_x W_{1ex}(1 - \eta_1 N/N_{Ex,T})} \leqslant k_T f \quad (6.3.2\text{-}1)$$

式中:N——高温下构件的轴力设计值;

M_x——高温下构件的弯矩设计值;

f——常温下铝合金材料的强度设计值;

$\bar{\varphi}_{x,T}$——高温下铝合金轴压构件绕 x 轴的整体稳定系数,可根据式(6.1.2-2)计算;

β_{mx}——等效弯矩系数,根据现行国家标准《铝合金结构设计规范》GB 50429 的规定确定;

γ_x——截面塑性发展系数,根据现行国家标准《铝合金结构设计规范》GB 50429 的规定确定;

W_{1ex}——在弯矩作用平面内对较大受压纤维的有效截面模量,应同时考虑局部屈曲和焊接热影响区的影响;

η_1——系数,对于热处理状态为 T6 的铝合金取 0.75,其他铝合金取 0.9;

$N_{Ex,T}$——$T℃$下理想轴压构件的绕 x 轴失稳的欧拉荷载,$N_{Ex,T} = \pi^2 E_T A / (1.1\lambda_x^2)$。

2 弯矩作用平面外的稳定承载力

$$\frac{N}{\bar{\varphi}_{y,T}A} + \frac{M_x}{\varphi_{b,T}W_{1ex}} \leqslant k_T f \quad (6.3.2\text{-}2)$$

式中:$\bar{\varphi}_{y,T}$——高温下铝合金轴压构件绕 y 轴的整体稳定系数,可根据式(6.1.2-2)计算;

$\varphi_{b,T}$——高温下铝合金受弯构件的整体稳定系数,可根据式(6.2.2-2)计算。

6.3.3 高温下,弯矩作用在两个主平面内的双轴对称实腹式工字形和箱形截面的压弯构件,其稳定承载力应按下列规定验算:

$$\frac{N}{\bar{\varphi}_{x,T}A} + \frac{M_x}{\gamma_x(1-\eta_1 N/N_{Ex,T})W_{ex}} + \frac{\eta M_y}{\varphi_{by,T}W_{ey}} \leqslant k_T f$$

$$(6.3.3-1)$$

$$\frac{N}{\bar{\varphi}_{y,T}A} + \frac{\eta M_x}{\varphi_{bx,T}W_{ex}} + \frac{M_y}{\gamma_y(1-\eta_1 N/N_{Ey,T})W_{ey}} \leqslant k_T f$$

$$(6.3.3-2)$$

式中:$\varphi_{x,T}$——T℃下铝合金轴压构件的整体稳定系数,应按
式(6.1.2-3)计算;

$\varphi_{y,T}$——T℃下铝合金轴压构件的整体稳定系数,应按
式(6.2.2-3)计算;

$\varphi_{bx,T}$——T℃下铝合金受弯构件的整体稳定系数,应按
式(6.2.2-2)计算,闭口截面取 1.0;

$\varphi_{by,T}$——T℃下铝合金纯弯构件的整体稳定系数,应按
式(6.2.2-2)计算,闭口截面取 1.0;

$N_{Ey,T}$——T℃下理想轴压构件的绕 y 轴失稳的欧拉荷载,
$N_{Ey,T}=\pi^2 E_T A/(1.1\lambda_y^2)$;

η ——截面影响系数,闭口截面取 0.7,开口截面取 1.0;

W_{ex}——截面绕强轴的抗弯模量,应同时考虑局部屈曲和
焊接热影响区的影响;

W_{ey}——截面绕弱轴的抗弯模量,应同时考虑局部屈曲和
焊接热影响区的影响。

6.4 板式节点

6.4.1 高温下铝合金板式节点的块状拉剪承载力应根据下式
计算:

$$V_{u,T} = \xi_{u,T} k_T V_u \qquad (6.4.1-1)$$

式中:$V_{u,T}$——T℃下铝合金板式节点的块状拉剪破坏承载力;

V_{u}——常温下铝合金板式节点的块状拉剪破坏承载力，可根据现行上海市工程建设规范《铝合金格构结构技术标准》DG/TJ 08—95 进行计算；

$\xi_{\mathrm{u,T}}$——T℃下节点板块状拉剪破坏承载力高温影响系数，应按式(6.4.1-2)确定,式中温度 T 的适用范围为 20℃～350℃,当 $\xi_{\mathrm{u,T}} > 1.58$ 时,取 $\xi_{\mathrm{u,T}} = 1.58$。

$$\xi_{\mathrm{u,T}} = 1.011\ 1 \times 10^{-5} T^2 - 1.366\ 3 \times 10^{-3} T + 1.023\ 2 \tag{6.4.1-2}$$

6.4.2 高温下铝合金板式节点的屈曲破坏承载力应根据下式计算：

$$V_{\mathrm{cr,T}} = \frac{1.2}{R_{\mathrm{c}}} \frac{E_{\mathrm{T}} t^3 \xi_{\mathrm{cr,T}}}{(1 - \nu^2)} \tag{6.4.2-1}$$

式中：$V_{\mathrm{cr,T}}$——T℃下铝合金板式节点的屈曲破坏承载力；

$\xi_{\mathrm{cr,T}}$——节点板屈曲破坏承载力高温影响系数,应按式(6.4.2-2)确定,式中温度 T 的适用范围为 20℃～350℃；

$$\xi_{\mathrm{cr,T}} = -4.030\ 1 \times 10^{-6} T^2 + 1.238\ 3 \times 10^{-3} T + 0.979\ 2 \tag{6.4.2-2}$$

E_{T}——T℃下铝合金材料的弹性模量；

R_{c}——节点板中心距杆件端部距离；

ν——铝合金材料的泊松比。

6.4.3 高温下铝合金板式节点在网壳曲面外的弯曲刚度可按本标准附录 A 进行计算。

7 结构整体耐火验算

7.1 一般规定

7.1.1 在进行结构整体耐火验算分析前,应根据消防安全总体目标和现行国家标准《建筑设计防火规范》GB 50016 确定结构的设计防火目标。

7.1.2 结构整体耐火验算分析采用的升温曲线,应能准确反映建筑的火灾特征。

7.2 荷载与火灾工况

7.2.1 每个建筑防火分区应进行不少于 1 个火灾工况的整体耐火验算,当采用 1 个火灾工况时,应采用最不利工况。

7.2.2 结构整体耐火验算分析时,应以可能的恒荷载、活荷载、雪荷载组合施加完毕后的状态作为初始条件。

7.2.3 结构整体耐火验算中,构件温度应根据建筑空间升温曲线并考虑可能采取的防火措施经计算得到。

7.2.4 结构整体耐火验算分析时,应采用构件动态温度荷载进行时程分析。

7.3 分析模型

7.3.1 结构整体耐火验算分析应考虑以下因素:

    1 应采用与温度相关的材料力学性能参数,可根据本标准第 4.1 节进行选取。

2 应考虑铝合金材料的热膨胀效应。

3 应考虑几何非线性和材料非线性。

4 应考虑结构的初始几何缺陷。

5 节点刚度模拟应符合构造力学特征。

7.3.2 在结构整体耐火验算分析模型中,可简化为构件全截面范围内温度相同。

7.3.3 铝合金结构整体耐火分析的时长应不小于构件最大设计耐火极限。

7.3.4 应考虑构件因为达到临界温度、发生失稳等情况退出工作的影响。

7.4 结果判定

7.4.1 结构整体耐火验算应依据结构耐火极限进行结果判定。

7.4.2 铝合金结构的耐火极限应根据整体耐火分析时结构整体失效的时间进行评定。

8 防火保护措施

8.1 一般规定

8.1.1 铝合金结构可采取下列防火保护措施：

    1 涂敷铝合金结构专用膨胀型防火涂料。

    2 包覆防火板。

    3 包覆柔性毡状隔热材料。

    4 施加水喷淋或水喷雾。

    5 采用外包轻质混凝土或砌筑砌体、隔热材料包覆等措施。

    6 其他有效的防火保护措施。

8.1.2 铝合金结构防火保护措施应符合下列规定：

    1 在要求的耐火极限内应能有效地保护铝合金构件。

    2 防火材料及其辅助材料应和铝合金材料相容，对铝合金构件不产生有害影响。

    3 防火材料应有足够的变形能力，在铝合金结构允许变形范围内不发生破坏和粘结失效，可正常发挥防火保护作用。

    4 防火保护材料不应对人体有害，且在防火保护施工时，不产生对人体有害的粉尘或气体。

    5 应方便施工，易于保证施工质量。

8.1.3 结构节点的防火保护应与被连接构件中防火保护要求最高者相同。

8.2 防火保护

8.2.1 铝合金结构采用喷涂防火涂料保护时（图 8.2.1），应符合

下列规定:

1 防火涂料应与铝合金表面处理材料相容,并具备可靠的粘接性能。

2 室外、半室外铝合金结构采用膨胀型防火涂料时,应选用符合环境要求的产品。

3 防火涂料应逐层喷涂,每道涂层厚度不应大于 2 mm。

图 8.2.1 铝合金构件防火涂料构造示意图

8.2.2 铝合金结构采用喷涂防火涂料保护时,遇下列情况之一,应在涂层内设置与铝合金构件相连接的碳纤维网、玻璃纤维网:

1 构件承受冲击、振动荷载。

2 构件的腹板高度超过 500 mm,膨胀型防火涂料涂层厚度大于 3 mm 或涂层长期暴露在室外。

8.2.3 铝合金结构采用包覆防火板保护时,构造可参照图 8.2.3,且应符合下列规定:

1 防火板应为不燃材料,且受火时不应出现炸裂和穿透裂缝等现象。

2 防火板的包覆应根据构件形状和所处部位进行构造设计,并应采取确保安装牢固稳定的措施。

3 固定防火板的龙骨及粘结剂应为不燃材料。龙骨应便于与构件及防火板连接,粘结剂在高温下应能保持一定的强度,并应能保证防火板的包覆完整。

4 固定防火板的龙骨、紧固件宜采用不锈钢、铝、镀锌件等可以直接接触铝合金材料的材料。龙骨、挂件截面及设置间距应根据计算确定。

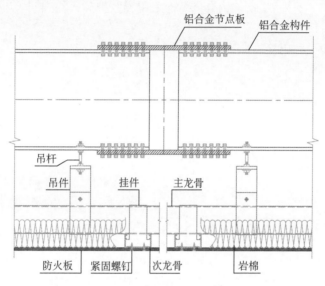

图 8.2.3 铝合金结构防火板构造示意图

8.2.4 铝合金结构可采用柔性毡状隔热材料、纳米微孔隔热材料、膨胀多孔材料等隔热材料作为防火保护层。

8.2.5 铝合金结构采用包覆柔性毡状隔热材料保护时,应符合下列规定:

1 不应用于易受潮或受水的铝合金结构。

2 毡状材料包覆后应厚度均匀。

8.2.6 铝合金构件可采用水喷淋、水喷雾、水幕或其他自动喷水灭火、冷却系统进行防护。喷头类型、喷头间距、水压力、设计流量等技术参数,应通过专项设计确定。

8.2.7 用于冷却铝合金构件的水保护系统,水喷头应朝向结构构件布置。

9 施工与验收

9.1 一般规定

9.1.1 铝合金结构的防火施工应具有健全的质量管理体系、施工技术方案和施工质量检验制度。

9.1.2 铝合金结构防火保护工程施工的承包合同、工程技术文件对施工质量的要求不应低于设计和国家现行防火标准的规定。

9.1.3 铝合金结构防火保护工程的施工,应按照批准的工程设计文件及施工技术方案进行。当需要变更设计时,必须征得设计单位同意并出具设计变更文件。

9.1.4 铝合金结构防火保护工程的施工过程质量控制应符合下列规定:

1 采用的主要材料、半成品及成品应进行进场检查验收;凡涉及安全、功能的原材料、半成品及成品应按本标准和设计文件等的规定进行复检,并应经监理工程师见证检验。

2 相关专业工种之间应进行工序交接,并应经监理工程师检查认可。

9.1.5 防火保护工程应作为铝合金结构工程的分项工程,分成1个或若干个检验批次进行质量验收。检验批可按铝合金结构制作或铝合金结构安装工程检验批划分成1个或若干个检验批,1个检验批内防火保护方式、材料批次、施工工艺和养护条件应相同。

9.1.6 检验批的质量验收应包括下列内容:

1 实物检查:对所采用的主要材料、半成品、成品和构配件应进行进场复检,进场复检应按进场的批次和产品的抽样检验方案执行。

2 资料检查:包括主要材料、成品和构配件的产品合格证及原材料见证取样复报告、隐蔽工程验收记录等。

9.1.7 铝合金结构防火保护检验批、分项工程质量验收的程序和组织,应符合现行国家标准《建筑工程施工质量验收统一标准》GB 50300 的相关规定。

9.2 防火保护材料进场

Ⅰ 主控项目

9.2.1 防火涂料、防火板等防火保护材料的质量,应符合国家现行产品标准的规定和设计要求,并应具备产品合格证,有相应资质的质量监督检验机构出具的检验合格报告和型式认可证书。

　　检查数量:全数检查。

　　检查方法:查验产品合格证、检验合格报告和型式认可证书。

9.2.2 防火涂料的粘结强度应符合国家现行标准的规定,其允许偏差为−10%。

　　检查数量:按防火保护材料的生产批次确定,每一批次抽检1次。

　　检查方法:试件基材采用牌号为 6061-T6、尺寸为 70 mm×70 mm×6 mm 的铝合金板材,数量为 5 块。试件的制备、养护均应在环境温度 5℃~35℃,相对湿度 50%~80% 的条件下进行。

9.2.3 防火板的抗折强度应符合产品标准的规定和设计要求,其允许偏差为−10%。

　　检查数量:按防火板的生产批次确定,每一批次抽检 1 次。

　　检查方法:按产品标准进行抗折试验。

Ⅱ 一般项目

9.2.4 防火涂料的外观、在容器中的状态等,应符合产品标准的要求。

检查数量:按防火涂料施工进货批次确定,每一批次抽检1次。

检查方法:采用搅拌器搅拌容器内的试样或按规定的比例调配多组分涂料的试样,经搅拌后涂料应呈均匀细腻状态或稠厚流体状态,无结块。

9.2.5 防火板表面应平整,无孔洞、突出物、缺损、裂痕和泛出物。有装饰要求的防火板,表面应色泽一致、无明显划痕。

检查数量:全数检查。

检查方法:直观检查。

9.3 防火保护工程

Ⅰ 主控项目

9.3.1 采用喷涂防火涂料保护时,应符合下列规定:

1 防火涂料涂装时的环境温度和相对湿度应符合涂料产品说明书的要求。当产品说明书无要求时,环境温度宜为 5℃～38℃,相对湿度不应大于 85%。涂装时,构件表面不应有结露,且施工期间不应淋雨,并应防止机械撞击。对已经施工的防火涂料涂层应采取保护措施,对有破损的位置应按设计要求进行补涂。

检查数量:全数检查。

检查方法:直观检查。

2 防火涂料的涂装遍数和每遍涂装的厚度均应符合产品说明书的要求。防火涂料涂层的厚度不得小于设计厚度。膨胀型防火涂层最薄处厚度的允许偏差应为设计厚度的 -5% 且不应大于 -0.2 mm。涂料涂层表面不得出现贯穿性裂纹;膨胀型防火涂料涂层表面裂纹宽度不应大于 0.5 mm,且 1 m 长度内不得多于 1 条;当涂层厚度小于或等于 3 mm 时,涂层表面不应出现裂纹。

　　检查数量:按同类构件基数抽查10%且均不应少于3件。

　　检查方法:涂层厚度采用测厚仪测量,裂纹检查采用观察和量尺检查。

9.3.2 铝合金结构采用包覆防火板保护时,应符合下列规定:

　　1 防火板保护层厚度允许偏差为设计厚度的-10%且不应大于-2 mm。

　　检查数量:按同类构件基数抽查10%且均应不少于3件。

　　检查方法:每一构件选取至少5个不同的部位,用游标卡尺分别测量其厚度;防火板保护层厚度为测点厚度的平均值。

　　2 防火板的安装龙骨、支撑固定件等应固定牢固,现场拉拔强度应符合设计要求,其允许偏差值应为设计值的-10%。

　　检查数量:不少于3个且不超过同类构件基数的10%。

　　检查方法:查验进场验收记录、现场拉拔检测报告。

9.3.3 水灭火系统用于直接冷却铝合金构件时,系统的设置应符合下列规定:

　　1 应设置地面排水设施。

　　2 当消防冷却水源为地面水时,宜设置过滤器和防堵设施。

　　检查数量:全数检查。

　　检查方法:直观检查。

9.3.4 采用复合防火保护时,后一种防火保护的施工应在前一种防火保护检验批的施工质量检验合格后进行。

　　检查数量:全数检查。

　　检查方法:查验施工记录和验收记录。

9.3.5 采用复合防火保护时,单一防火保护主控项目的施工质量检查应符合本标准第9.2节和第9.3节的规定。

Ⅱ　一般项目

9.3.6 采用喷涂防火涂料保护时,防火涂料涂装基层不应有油污、灰尘和泥沙等污垢。涂料涂层不应有误涂、漏涂,涂层应闭合无脱层、空鼓、明显凹陷、粉化松散和浮浆等外观缺陷,乳突应剔除。

检查数量:全数检查。

检查方法:直观检查。

9.3.7 采用防火板保护时,防火板的安装应符合下列规定:

1 防火板接缝应严密、顺直,接缝边缘应对齐;安装应牢固稳定、封闭良好;分层安装时,应分层固定、相互压缝。

检查数量:全数检查。

检查方法:直观检查和用尺量检查。涉及隐蔽工程的,应查验隐蔽工程质量验收记录和施工过程质量检查记录。

2 防火板的安装允许偏差应符合表9.3.7的规定。

检查数量:全数检查。

检查方法:用2m垂直检测尺、2m靠尺、塞尺、直角检测尺、钢直尺实测。

表9.3.7 防火板安装允许偏差

检查项目	允许偏差(mm)	检查仪器
立面垂直度	±4	2m垂直检测尺
表面平整度	±2	2m靠尺、塞尺
阴阳角正方	±2	直角检测尺
接缝高低差	±1	钢直尺、塞尺
接缝宽厚	±2	钢直尺

9.3.8 采用复合防火保护时,单一防火保护一般项目的施工质量检查应符合本标准第9.2节和第9.3节的规定。

9.4 防火保护分项工程验收

9.4.1 铝合金结构防火保护工程施工质量验收时,应提供下列

文件和记录:

    1 工程图纸、设计文件和相关设计变更文件。

    2 原材料出厂合格证与检验报告,材料进场复验报告。

    3 防火保护施工、安装记录。

    4 观感质量检验项目检查记录。

    5 分项工程所含各检验批质量验收记录。

    6 隐蔽工程检验项目检查验收记录。

    7 分项工程验收记录。

    8 不合格项的处理记录及验收记录。

    9 重大质量、技术问题处理及验收记录。

    10 其他必要的文件和记录。

9.4.2 隐蔽工程验收项目应包括下列内容:

    1 吊顶内、夹层内等隐蔽部位的防火保护。

    2 防火板保护中龙骨、连接固定件的安装。

    2 复合防火保护中的基层防火保护。

9.4.3 铝合金结构防火保护分项工程质量验收记录可按下列规定填写:

    1 检验批质量验收记录可按本标准附录 B 的规定填写,填写时应具有现场验收检查原始记录。

    2 分项工程质量验收记录可按本标准附录 C 的规定填写。

9.4.4 铝合金结构防火保护分项工程施工质量验收合格后,应将所有验收文件存档备案。

10 维护与保养

10.1 一般规定

10.1.1 维护与保养的过程应在维保记录清单中详细描述并存档，以便日后查阅。

10.1.2 维保材料在进场前应校验合格证并留样待查。

10.2 防火材料的维护与保养

10.2.1 铝合金结构防火材料的维护与保养应由专业人员进行维保检查。

10.2.2 对于需要涂刷防火涂料的铝合金构件，进行全数检查。铝合金防火涂料的检查项目包括但不限于防火涂料是否有脱落、缺失、损耗等。

10.2.3 铝合金构件防火板维护与保养时应检查防火板的安装是否牢固、封闭是否良好。

附录 A 高温下铝合金板式节点在网壳曲面外的弯曲刚度计算

A. 0. 1 温度 T℃时铝合金板式节点在网壳面外的弯曲刚度（图 A. 0. 1）参数可按下列公式计算：

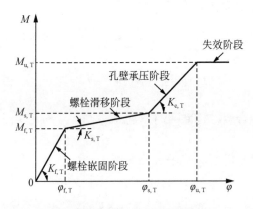

图 A. 0. 1 铝合金板式节点平面外弯曲刚度四折线模型

$$K_{\text{f, T}} = \xi_{\text{f, T}} \left(\frac{1.32}{E_{\text{T}} t_{\text{p}} h^2} + \frac{2\,850 t_{\text{f}}}{E_{\text{T}} \mu n h^2 A_{\text{c}}} + \frac{R - R_{\text{c}}}{1.14 E_{\text{T}} I_{\text{x}}} \right)^{-1}$$

$$\text{(A. 0. 1-1)}$$

$$M_{\text{f, T}} = \gamma_{\text{f, T}} \frac{\mu n P h}{1 + 0.5\beta} \qquad \text{(A. 0. 1-2)}$$

$$K_{\text{s, T}} = \xi_{\text{f, T}} \left[\frac{1.32}{E_{\text{T}} t_{\text{p}} h^2} + \frac{(4 - \beta^2) d_{\text{h}}}{\mu n \beta P h^2} + \frac{R - R_{\text{c}}}{1.14 E_{\text{T}} I_{\text{x}}} \right]^{-1}$$

$$\text{(A. 0. 1-3)}$$

$$M_{\text{s, T}} = \gamma_{\text{f, T}} \frac{\mu n P h}{1 - 0.5\beta} \qquad \text{(A. 0. 1-4)}$$

$$K_{c,T} = \xi_{c,T} \left[\frac{1.32}{E_T t_p h^2} + \frac{19(t_f + t_p)}{\left(\dfrac{d}{t_f + t_p} + 1.22 \right) n h^2 t_f t_p E_T} + \frac{R - R_c}{1.14 E_T I_x} \right]^{-1}$$

$$(A.0.1-5)$$

$$M_{u,T} = \frac{Q_{u,T} h}{1 + 0.5\beta} \qquad (A.0.1-6)$$

式中：$K_{f,T}$——高温下嵌固阶段节点的转动刚度；

$\xi_{f,T}$——高温下嵌固阶段节点的转动刚度影响系数，应按式(A.0.1-7)计算，式中温度 T 的适用范围为 20℃～300℃，当 $\xi_{f,T} < 1.0$ 时，取 1.0；

$$\xi_{f,T} = -6.4616 \times 10^{-9} T^3 + 7.2437 \times 10^{-6} T^2 - 1.4474 \times 10^{-3} T + 1.0261$$

$$(A.0.1-7)$$

$M_{f,T}$——高温下滑移弯矩；

$\gamma_{f,T}$——高温下滑移弯矩影响系数，应按式(A.0.1-8)计算，式中温度 T 的适用范围为 20℃～300℃；

$$\gamma_{f,T} = -7.5568 \times 10^{-6} T^2 + 5.1861 \times 10^{-4} T + 0.9927$$

$$(A.0.1-8)$$

$K_{s,T}$——高温下滑移阶段节点的转动刚度；

$M_{s,T}$——高温下承压弯矩；

$K_{c,T}$——高温下承压阶段节点的转动刚度；

$\xi_{c,T}$——高温下承压阶段节点的转动刚度影响系数，应按式(A.0.1-9)计算，式中温度 T 的适用范围为 20℃～300℃；

$$\xi_{c,T} = -6.3152 \times 10^{-8} T^3 + 1.6836 \times 10^{-5} T^2 - 1.8256 \times 10^{-3} T + 1.0303$$

$$(A.0.1-9)$$

$M_{u,T}$——高温下抗弯极限承载力；

$Q_{u,T}$——高温下，节点板或杆件翼缘发生破坏时剪力标准
值，可取节点板块状拉剪破坏、杆件翼缘净截面拉
断或孔壁承压破坏承载力中的最小值。

附录 B 铝合金结构防火保护检验批质量验收记录

B.0.1 铝合金结构防火保护检验批的质量验收记录应由施工项目专业质量检查员填写,专业监理工程师组织项目专业质量检查员、专业工长等进行验收并记录。

B.0.2 铝合金结构防火涂料保护检验批的质量验收应按表 B.0.2 进行记录。

表 B.0.2 铝合金结构防火涂料保护检验批质量验收记录

单位(子单位) 工程名称			分部(子分部) 工程名称		分项工程 名称	
施工单位			项目负责人		检验批容量	
分包单位			分包单位 项目负责人		检验批部位	
施工依据				验收依据		
验收项目			设计要求及 标准规定	最小/实际 抽样数量	检查记录	检查结果
主控项目	1	材料产品进场	第9.2.1条			
	2	粘结强度试验	第9.2.2条			
	3	涂装环境条件	第9.3.1条			
	4	保护层厚度	第9.3.1条			
	5	表面裂纹	第9.3.1条			
	6					
	7					
一般项目	1	产品进场	第9.2.4条			
	2	涂装基层表观	第9.3.6条			

续表B.0.2

		验收项目	设计要求及 标准规定	最小/实际 抽样数量	检查记录	检查结果
一般项目	3	涂层表面质量	第9.3.6条			
	4					
		施工单位 检查结果		专业工长： 项目专业质量检查员： 年 月 日		
		监理单位 验收结论		专业监理工程师： 年 月 日		

B.0.3 铝合金结构防火板保护检验批的质量验收应按表B.0.3进行记录。

表 B.0.3 铝合金结构防火板保护检验批质量验收记录

单位（子单位） 工程名称			分部（子分部） 工程名称		分项工程 名称	
施工单位			项目负责人		检验批容量	
分包单位			分包单位 项目负责人		检验批部位	
施工依据				验收依据		
		验收项目	设计要求及 标准规定	最小/实际 抽样数量	检查记录	检查结果
主控项目	1	材料产品进场	第9.2.1条			
	2	抗折强度试验	第9.2.3条			
	3	保护层厚度	第9.3.2条			
	4	支撑件抗拔强度	第9.3.2条			
	5					
	6					

续表B.0.3

		验收项目	设计要求及标准规定	最小/实际抽样数量	检查记录	检查结果
一般项目	1	产品进场	第9.2.5条			
	2	防火板密闭性	第9.3.7条			
	3	安装允许偏差	第9.3.7条			
	4	分层与接缝	第9.3.7条			
	5					
施工单位检查结果			专业工长： 项目专业质量检查员： 年　月　日			
监理单位验收结论			专业监理工程师： 年　月　日			

附录 C 铝合金结构防火保护分项
工程质量验收记录

铝合金结构防火保护分项工程质量应由专业监理工程师组织施工单位项目专业技术负责人等进行验收，并应按表 C 记录。

表 C 铝合金结构防火板保护分项工程质量验收记录

单位(子单位) 工程名称			分部(子分部) 工程名称			
检验批数量						
施工单位			项目负责人		项目技术负责人	
序号	检验批名称	检验批容量	部位/区段	施工单位 检查结果	监理单位 验收结论	
1						
2						
3						
4						
5						
6						
7						
8						
说明:						
施工单位 检查结果		项目专业技术负责人: 　　　　年　月　日				
监理单位 验收结论		专业监理工程师: 　　　　年　月　日				

本标准用词说明

1 为了便于在执行本标准条文时区别对待,对要求严格程度不同的用词说明如下:

1）表示很严格,非这样做不可的用词:

正面词采用"必须";

反面词采用"严禁"。

2）表示严格,在正常情况均应这样做的用词:

正面词采用"应";

反面词采用"不应"或"不得"。

3）表示允许稍有选择,在条件许可时首先应这样做的用词:

正面词采用"宜";

反面词采用"不宜"。

4）表示有选择,在一定条件下可以这样做的用词,采用"可"。

2 标准中指定应按其他有关标准、规范执行时,写法为"应符合……的规定(要求)"或"应按……执行"。

引用标准名录

1. 《建筑结构荷载规范》GB 50009
2. 《建筑设计防火规范》GB 50016
3. 《建筑工程施工质量验收统一标准》GB 50300
4. 《铝合金结构设计规范》GB 50429
5. 《铝及铝合金挤压棒材》GB/T 3191
6. 《铝及铝合金轧制板材》GB/T 3880
7. 《铝及铝合金热挤压管》GB/T 4437
8. 《铝合金建筑型材》GB/T 5237
9. 《工业用铝及铝合金热挤压型材》GB/T 6892
10. 《铝及铝合金拉(轧)制无缝管》GB/T 6893
11. 《铝及铝合金冷轧带材》GB/T 8544
12. 《铝合金格构结构技术标准》DG/TJ 08—95

上海市工程建设规范

大空间建筑铝合金结构防火技术标准

DG/TJ 08—2420—2023
J 17037—2023

条 文 说 明

2024 上海

目　次

Contents

1 总　则

1.0.2 本标准适用于本市大空间民用建筑铝合金结构的防火设计、施工、验收与维护。本标准的大空间建筑主要包括用于交通建筑、体育场馆、展览温室、文化建筑等的大空间建筑，一般采用空间网格结构体系，其他民用建筑铝合金结构在技术条件相同时也可参照执行。工业建筑和多层框架铝合金结构防火问题较为复杂，缺少足够的研究成果，故不包含在本标准的适用范围内。

3 基本规定

3.1 防火要求

3.1.1 本条根据大空间建筑及其火灾特点，将适用于本标准的大空间建筑分为三类，其中第一类的代表建筑为候车(船)厅、机场航站楼等；第二类的代表建筑为体育馆、游泳馆、展览温室等；第三类为敞开建筑，对于半敞开建筑，当经论证具备良好的有效排烟、排热条件时，也可参考执行。

3.2 防火设计

3.2.4 预应力结构在高温作用下会产生较大的预应力损失，对结构的变形和受力状态影响较大，甚至会引起结构倒塌，因此要求预应力铝合金结构采用结构整体耐火验算方法。

3.2.5 铝合金材料的弹性模量、屈服强度和极限强度等力学参数受高温影响较大，可根据本标准第 4 章内容确定不同温度时材料的相关参数。

3.2.6 对于大空间建筑铝合金结构，可根据不同防火分区内各自的最不利火灾场景，采用单一火灾工况进行结构整体耐火验算。

3.2.8 当结构构件距离火源的净空高度大于根据火灾功率强度计算得到的最小安全高度时，说明构件在火灾发生时温度较低，不会影响材料的力学性能，因此不需要进行抗火验算；反之，需要根据抗火验算确定是否需要采取防火保护措施。构件处的烟气温度可通过温度场分析确定。试验表明，当温度不大于 100℃时，铝合金材料的弹性模量、强度等力学参数基本保持与常温时相同。因此,经温度场分析,并考虑一定安全系数,可认为当构件处的烟气最高温度不超过 100℃ 时,构件在安全高度范围内。表1给出了第三类大空间建筑铝合金结构不同建筑火灾功率对应铝合金构件的最小安全高度,并考虑了 1.3 倍的安全系数,供设计人员参考。本条规定的自动喷水灭火系统不含消防水炮。

表 1　第三类大空间建筑铝合金构件最小安全高度

建筑火灾功率 (MW)	1.0	1.5	2.5	3.0	4.0	6.0	8.0	10.0	20.0
铝合金构件最小安全高度(m)	5.69	6.70	8.22	8.84	9.92	11.66	13.08	14.3	18.88

3.2.9 因为铝合金构件本身的重量较轻,防火涂料、包覆防火材料等的重量以及防火喷淋用水、管道及设施的重量相对于铝合金自身的重量不能忽略,应在结构设计时以荷载的形式进行考虑。

4 材料特性

4.1 铝合金

4.1.2 本条给出了常用的几种铝合金材料在不同温度时的名义屈服强度折减系数,表 4.1.2 中未包含的其他材料的强度折减系数应通过试验确定;20℃~550℃范围每个区间内,可以按照线性插值取用。

4.1.3 本条给出了常用铝合金材料在不同温度时的弹性模量强度折减系数,新材料的弹性模量折减系数应通过试验确定;20℃~550℃范围每个区间内,可以按照线性插值取用。

4.1.5 我国对高温下铝合金材料比热容、热传导系数的研究较少,此处参考了欧标 *Eurocode 9—Design of Aluminium Structures — Part 1-2: Structural Fire Design* 中的相关数据。

4.1.6 高温下的本构关系仍然沿用了 Ramberg-Osgood 模型。

5 温度计算

5.2 铝合金构件升温计算

5.2.4 构件微元面指组成构件的各板件任一微小单元体。由于铝合金截面毕渥数较小，构件截面温度可假定为均匀分布，因此在计算时构件微元面可取为直接受火板件（距火源最近板件）的任一微小单元体。

5.2.5 "外边缘型防火保护"是指防火保护层紧贴构件的表面，典型情况是工字形截面的每个外表面均设置防火保护层。"非外边缘型防火保护"是指防火保护层沿着构件外轮廓设置防火保护层，典型情况是工字形截面外包矩形轮廓的防火保护层。

5.2.7 大空间建筑铝合金结构的单根构件长度通常较短，大量数值算例表明，在进行火灾响应分析时，单根构件取统一温度变化已经具有足够的精度。实际工程中也可将单根构件分为多段，取更精确的温度变化。

7 结构整体耐火验算

7.1 一般规定

7.1.1 结构的设计防火目标包括结构总体耐火极限、关键构件耐火极限,火灾发生时允许的结构变形、应力比等。

7.3 分析模型

7.3.1 可参考结构整体稳定分析的方法,初始几何缺陷取第一阶屈曲模态,最大值取跨度的 1/300。

8 防火保护措施

8.1 一般规定

8.1.1 可以采用单一防火措施,也可以同时采用其中 2 种或多种组合的复合防火保护措施。

铝合金构件不建议采用非膨胀型防火涂料。铝合金材料的热膨胀系数较大,采用非膨胀型防火涂料时,因为铝合金的热膨胀系数较大,在环境温度发生变化时防火涂料和铝合金的伸缩变形差异较大,容易发生脱离,存在较大的安全隐患。目前,我国市面上可采购的仅有膨胀型铝合金防火涂料。

8.2 防火保护

8.2.1 室外、半室外铝合金结构防火涂料的选择,应考虑环境湿度、侵蚀等性能的影响,避免随着时间的推移,防火涂料发生老化和脱落,失去防火保护功能。

8.2.6 关于铝合金结构水保护技术,部分科研单位进行了细水雾保护试验、构件内部循环水保护试验、喷水冷却保护试验,并取得了一定的研究成果。当水保护技术应用于实际工程时,应进行专项设计,以确定设计所需的喷头类型、喷头间距、水压力、设计流量等技术参数。

9 施工与验收

9.2 防火保护材料进场

Ⅰ 主控项目

9.2.2 检验步骤：①先在试件的涂层中央 40 mm×40 mm 面积内，均匀涂刷高粘结力的粘结剂（如溶剂型环氧树脂等），然后将铝制连接件（宜与试件基材牌号一致）粘上并压上 1 kg 重的砝码，小心去除连接件周围溢出的粘结剂。②放置 3 d 后去掉砝码，沿铝制连接件的周边切割涂层至板底面，之后将粘结好的试件安装在试验机上；在沿试件底板垂直方向施加拉力，以 1 500 N/min～2 000 N/min 的速度施加荷载，测得最大的拉伸荷载（要求连接件底面平整与试件涂覆面粘结）。每一试件的粘结强度按下式计算。粘结强度结果以 5 个试验值中剔除粗大误差后的平均值表示。

$$f_b = F_{max}/A_c$$

式中：f_b ——粘结强度（MPa）；

F_{max} ——最大拉伸荷载（N）；

A_c ——粘结面积（mm^2）。